THESES

DE

MATHÉMATIQUES,

DE GÉOMÉTRIE,

DE

TRIGONOMÉTRIE RECTILIGNE,

ET

DE FORTIFICATIONS,

QUI SERONT SOUTENUES

AU COLLEGE

DE LOUIS LE GRAND,

Le Vendredy 25 de Juin 1751, à trois heures après midi.

〰〰〰

A PARIS,

De l'Imprimerie de THIBOUST, Imprimeur
du ROI, Place de Cambray.

M. DCC. LI.

THESES

DE

MATHÉMATIQUES.

Des Lignes Droites.

L A Ligne droite eſt la plus courte qu'on puiſſe tirer entre deux points.

2. La Ligne courbe eſt une ligne qui s'écarte de la ligne droite en allant d'un point à un autre.

3 La ligne circulaire eſt une ligne courbe qui revient au point d'où elle eſt partie, ayant tous ſes points également éloignés du centre.

4. La perpendiculaire eſt une ligne droite, qui coupe une ligne droite, ſans pancher plus d'un côté que de l'autre.

5. Chaque point de la perpendiculaire eſt également éloigné de deux points oppoſés de la ligne qu'elle coupe.

6. Dès qu'une ligne eſt perpendiculaire ſur une ligne, celle-ci l'eſt ſur celle-là.

7. La poſition d'une perpendiculaire dépend de deux de ſes points.

8. D'un point donné hors d'une ligne, mener une perpendiculaire ſur cette ligne.

A ij

9. D'un point donné dans une ligne, élever une perpendiculaire.

10. Diviſer une ligne en deux parties égales.

11. D'un point donné hors d'une ligne, on ne mene qu'une perpendiculaire ſur cette ligne.

12. D'un point donné dans une ligne, on n'éleve qu'une perpendiculaire ſur cette ligne.

13. L'Oblique eſt une ligne qui panche vers un des côtés de la ligne qu'elle rencontre.

14. La perpendiculaire eſt la plus courte des lignes menées d'un point à une ligne.

15. Les lignes obliques tirées du même point à une même ligne ſont d'autant plus longues, qu'elles ſont plus éloignées de la perpendiculaire.

16. Deux lignes obliques appuyées ſur même perpendiculaire, avec même éloignement du perpendicule, ſont égales entre elles.

17. Y a-t-il égalité de perpendiculaire, avec égalité d'oblique ? L'éloignement du perpendicule eſt égal.

18. La perpendiculaire eſt égale, quand les obliques ſont égales, & les éloignemens du perpendicule égaux.

19. Si l'éloignement du perpendicule eſt le même d'une part, mais l'oblique plus grande, la perpendiculaire eſt plus grande.

20. Deux lignes paralleles ſont deux lignes, qui, miſes à côté l'une de l'autre, ſont également éloignées l'une de l'autre, dans tous leurs points correſpondans.

21. Dès que deux points d'une ligne droite ſont également éloignées de deux points d'une autre ligne droite, les deux lignes ſont paralleles.

22. Deux paralleles prolongées à l'infini ne ſe toucheroient jamais.

23. Deux perpendiculaires ſur une même ligne ſont paralleles.

24. Entre deux parallèles, une ligne perpendiculaire sur l'une, l'est sur l'autre.

25. Dès qu'une ligne est perpendiculaire sur deux lignes, elles sont parallèles.

26. Deux lignes droites sont parallèles, quand elles sont jointes par deux lignes droites, intermédiaires, égales, dont l'une est perpendiculaire sur la première, & l'autre sur la seconde.

27. Deux lignes parallèles à une troisième, sont parallèles entre elles.

28. Par un point donné, tirer une parallèle à une ligne.

Des Lignes Circulaires.

1. Les plus petits Cercles ont autant de degrés que les plus grands.

2. Dans deux cercles concentriques, un degré du plus grand répond à un degré du plus petit.

3. Deux cercles concentriques sont partout également distans l'un de l'autre.

4. Deux cercles qui se coupent, ne sont point concentriques.

5. Deux cercles ne se touchent en dedans ou en dehors qu'en un point.

6. Trouver le centre d'un cercle qui passe par trois points donnés.

De la Ligne Droite comparée avec la Ligne Circulaire.

1. Dans le même cercle, ou dans les cercles égaux, les cordes des arcs égaux sont égales, & les cordes égales soutiennent des arcs égaux; les cordes qui soutiennent des arcs plus grands, sont plus grandes; & les arcs soutenus par des cordes plus grandes, sont plus grands.

2. Une perpendiculaire qui coupe la corde par le milieu, coupe l'arc en deux arcs égaux, & paſſe par le centre; de-là deux arcs entre deux parallèles ſont égaux.

3. Une ligne qui coupe un arc ou une corde en deux parties égales & paſſe par le centre, coupe la corde perpendiculairement.

4. Une ligne qui paſſe par le centre, & coupe la corde perpendiculairement, la coupe en deux parties égales.

5. Deux cordes également éloignées du centre ſont égales; & ſi elles ſont égales, elles ſont également éloignées du centre.

6. Le Diametre eſt la plus longue des lignes droites tirées d'un point à un autre du cercle.

7. Les cordes qui approchent plus du centre, ſont plus grandes.

8. Le ſinus d'un arc compris entre deux rayons, eſt une perpendiculaire tirée de l'extremité d'un rayon ſur l'autre rayon.

9. Le ſinus d'un arc étant prolongé juſqu'à la circonférence, devient corde d'un arc double. De-là le ſinus d'un arc eſt moitié de la corde, qui ſoutient le double de cet arc.

10. Dans le même cercle, les ſinus égaux donnent des arcs égaux, & les arcs égaux donnent des ſinus égaux.

11. Si d'un point hors du cercle, on mene ſur ſa partie convexe pluſieurs lignes, celle qui prolongée paſſeroit par le centre, eſt la plus courte.

12. Si d'un point hors du cercle, on y mene pluſieurs lignes qui le traverſent juſqu'à la partie concave, celle qui paſſe par le centre, eſt la plus longue.

13. Si de deux points de la circonférence on tire deux lignes qui ſe coupent en dedans hors du centre, celle qui prolongée paſſeroit par le centre, eſt plus courte.

14. Si d'un point intérieur hors du centre , on mene à la circonférence deux lignes, celle qui paſſe par le centre , eſt plus longue.

15. La Tangente eſt une perpendiculaire ſur l'extremité d'un rayon.

16. La Tangente ne touche le cercle que par un point.

17. Point de ligne droite qui paſſe entre la Tangente & le cercle par le point d'attouchement.

18. Entre la Tangente & le cercle on peut mener une infinité de lignes circulaires.

19. Tirer une Tangente ſur un point donné dans la circonférence d'un cercle.

20. D'un point donné hors du cercle , tirer une Tangente.

Des Angles.

1. L'Angle eſt une ſurface compriſe entre deux lignes écartées d'une part , & réunies de l'autre.

2. La meſure d'un angle eſt l'arc du cercle qui a pour centre le ſommet de cet angle , & pour rayons les côtés de l'angle qui contient cet arc.

3. Une ligne perpendiculaire ſur une ligne fait avec elle deux angles droits , & dès qu'une ligne fait avec une ligne deux angles droits , l'une eſt perpendiculaire ſur l'autre

4. Une ligne oblique rencontrant une ligne droite, fait avec elle deux angles égaux à deux droits ; & prolongée , elle feroit quatre angles égaux à quate droits.

5. Les angles formés par une infinité de lignes qui ſe couperoient dans un point, vaudroient quatre angles droits préciſément.

6. Les angles oppoſés au ſommet font égaux.

7. Une oblique coupe - t - elle deux paralleles ? les angles alternes font égaux ; & deux lignes font

paralleles, lorfqu'une ligne qui les coupe, fait les angles alternes égaux.

6. Que deux paralleles tombent fur une oblique, ou qu'une oblique coupe deux paralleles, les angles aigus de même côté font égaux, & les angles internes valent deux droits. Si une oblique coupe plufieurs paralleles, c'eft avec la même inclinaifon.

9. L'angle du petit fegment a pour mefure la moitié de l'arc foutenu par la corde.

10. L'angle du grand fegment a pour mefure la moitié de l'arc du grand fegment.

11. L'angle à la circonférence a pour mefure la moitié de l'arc fur lequel il eft appuyé.

12. L'angle au centre eft double de l'angle à la circonférence.

13. L'angle à la circonférence appuyé fur les extrémités du diametre eft droit.

14. Partager un angle en deux parties égales.

Des Triangles.

1. Le Triangle eft une figure de trois côtés ou de trois angles.

2. Dans un triangle, deux côtés pris enfemble, font plus grands que le troifiéme.

3. L'angle extérieur au triangle vaut les deux intérieurs oppofés.

4. Les trois angles d'un triangle, pris enfemble, font égaux à deux droits.

5. Circonfcrire un cercle au triangle.

6. Dès que l'on connoît la valeur de deux angles d'un triangle, on connoît la valeur du troifiéme.

7. Les trois angles du triangle peuvent être aigus; deux le font toujours.

8. Le plus grand côté d'un triangle en foutient le plus grand angle.

9. La grandeur de l'angle répond au côté oppofé, & la grandeur du côté oppofé répond à l'angle.

10. Dans le triangle fcalene, les trois angles font inégaux.

11. Dans le triangle ifocele, les deux angles fur la bafe font égaux.

12. Si les angles fur la bafe font égaux, le triangle eft ifocele.

13. Dans le triangle ifocele, point d'angle obtus ou droit fur la bafe.

14. Dans le triangle équilatéral, les trois angles font égaux.

15. Sur une ligne donnée, faire un triangle équilatéral.

Des Proportions Géométriques.

1. Proportion eft égalité de raifons.

2. Les expofans des raifons égales font égaux, & les expofans égaux font expofans de raifons égales.

3. Deux raifons égales à une troifiéme font égales entre elles.

4. Si l'on divife le plus grand terme d'une raifon par le plus petit, le produit du plus petit terme par le quotient où l'expofant eft égal au plus grand terme.

5. Si l'on met à la place du plus grand terme d'une raifon, le produit du plus petit par l'expofant du plus grand divifé par le plus petit, la raifon eft la même.

6. Deux grandeurs qui ont même raifon à une troifiéme, font égales.

7. Si l'on divife les deux termes d'une raifon par un troifiéme, les quotients font comme les grandeurs divifées.

8. Les produits de deux termes d'une raifon multipliés pa la même grandeur, ont même raifon que les deux termes.

9. Dans une Proportion Géométrique le produit

des deux extrêmes, multipliés l'un par l'autre, eſt égal au produit des moyens.

10. Dans une Proportion continue, le quarré du moyen eſt égal au produit des extrêmes.

11. Quatre grandeurs ſont pſoportionnelles quand le produit des extrêmes, eſt égal au produit des moyens.

12. Quelque changement que l'on faſſe dans la ſituation des termes d'une Proportion, la Proportion ſubſiſte, pourvû que les mêmes termes ſoient extrêmes ou moyens : de-là, ſi A. B : : C. D.

$$B.\ A\ : :\ D.\ C.$$
$$A.\ C\ : :\ B.\ D.$$
$$A \dagger B. B.\ : :\ C \dagger D. D.$$
$$A {—} B. B\ : :\ C{—}D. D.$$

13. Trois termes d'une Proportion étant connus, trouver le quatriéme.

Des Lignes Proportionnelles.

1. Si vous coupez par deux lignes paralleles une perpendiculaire & une oblique compriſes dans un eſpace parallele, l'oblique ſera partagée en autant de lignes que la perpendiculaire.

2. Deux obliques, qui dans des eſpaces paralleles égaux ſont les mêmes angles, ſont égales.

3. Les obliques, qui ſont les mêmes angles dans des eſpaces paralleles inégaux, ſont inégales.

4 Diviſez un eſpace parallele par une ligne parallele, elle coupera proportionnellement l'oblique & la perpendiculaire de cet eſpace.

5. Dans deux eſpaces paralleles inégaux, deux lignes également inclinées ſont en même raiſon que les deux perpendiculaires.

6. Lorſque deux lignes obliques ſont autant inclinées entre deux paralleles, que deux autres lignes

obliques le font entre deux autres parallèles, les quatre font proportionnelles.

7. Si l'on coupe deux côtés d'un triangle par une ligne parallèle à la bafe de l'angle compris entre ces côtés, ils fe trouvent coupés proportionnellement.

8. Deux lignes étant données, trouver une troifiéme proportionnelle.

9. A trois lignes en proportion, trouver une quatriéme proportionnelle.

Des Triangles semblables.

1. Dans deux triangles ifoceles, fi l'angle du fommet ou un angle de la bafe eft égal, tous les angles font égaux, chacun à chacun.

2. Dans deux triangles quelconques, fi deux angles de l'un font égaux à deux angles de l'autre, le troifiéme angle de l'un eft égal au troifiéme angle de l'autre.

3. Deux triangles font égaux, lorfqu'ils ont un angle égal, & les deux côtés qui comprennent cet angle, égaux.

4. Deux triangles ont-ils les côtés égaux ? Ils font équiangles ou femblables.

5. Si deux triangles équiangles ont un côté égal, & les angles fur ce côté égaux, chacun à chacun, ils font égaux.

6. Dans deux triangles femblables, les côtés homologues font proportionnels.

7. De l'angle droit d'un triangle rectangle, menez une perpendiculaire fur la bafe ; la perpendiculaire divifera le triangle en deux autres femblables au premier.

8. La perpendiculaire abbaiffée du fommet d'un triangle rectangle fur l'hypoténufe, eft moyenne proportionnelle entre les deux parties de l'hypoténufe.

7. Trouver une moyenne proportionnelle entre deux lignes données.

Des Quadrilateres en général.

1. Le Quadrilatere vaut quatre angles droits.

2. Les deux angles oppofés d'un Quadrilatere infcrit dans un cercle font égaux à deux droits.

3. Dès que les côtés oppofés du Quadrilatere font égaux, ils font paralleles.

4. Deux côtés oppofés d'un Quadrilatere font-ils égaux & paralleles ? les deux autres le font aufli.

Des Parallelogrammes.

1. Si les côtés oppofés du Quadrilatere font égaux, c'eft un Parallelogramme.

2. Les angles oppofés d'un Parallelogramme font égaux.

3. La Diagonale partage le Parallelogramme en deux triangles égaux.

4. Les Parallelogrammes entre mêmes paralleles & fur même bafe, ou de même bafe & de même hauteur, font égaux.

5. Pour mefurer un Parallelogramme, il fuffit d'avoir égard à fa bafe & à la perpendiculaire, qui mefure fa hauteur.

6. Les Parallelogrammes font doubles des triangles de même bafe & de même hauteur ; & un triangle en vaut plufieurs de même hauteur, dont les bafes, prifes enfemble, valent la fienne.

Des Reƈtangles.

1. Deux Reƈtangles de même hauteur font entre eux comme leurs bafes, & deux Reƈtangles de

même base, font entre eux comme leurs hauteurs.

2. La raison de deux Rectangles, eft une raison compofée de celle de la bafe à la bafe, & de la hauteur à la hauteur.

3. Les Rectangles femblables font en raison doublée de celle de la bafe à la bafe, ou de la hauteur à la hauteur.

Des Quarrés.

1. Une ligne multipliée par elle-même donne un Quarré.

2. Dans le triangle rectangle, le Quarré de l'hypoténufe eft égal aux deux Quarrés des deux autres côtés.

3. Les Quarrés font en raison doublée de leurs côtés.

4. En général, les Parallelogrammes femblables, & par conféquent les triangles femblables, font entre eux en raison doublée de leurs côtés homologues.

Des Poligones.

1. Le Poligone peut fe réfoudre en autant de triangles qu'il a de côtés.

2. Les angles du Poligone, pris enfemble, valent autant de fois deux angles droits qu'il a de côtés, moins quatre angles droits.

3. Les Poligones réguliers de même nom font femblables.

4. Les circuits des Poligones femblables font entre eux, comme un côté de l'un eft au côté homologue de l'autre.

5. Le côté de l'Exagone régulier vaut une corde de 60 degrés.

6. Le rayon du cercle eft égal au côté de l'Exagone.

7. Les circuits de deux Poligones femblables & réguliers infcrits ou circonfcrits, font entre eux comme les rayons, & par conféquent comme les diametres.

De l'Aire du Poligone, inscrit ou circonscrit.

1. La surface d'un Poligone régulier vaut un triangle qui a pour base le circuit, & pour hauteur l'apotheme ou le rayon droit de ce Poligone ; & par conséquent elle vaut ou la moitié du rectangle qui a pour base le circuit, & pour hauteur l'apotheme du Poligone, ou un rectangle de cette hauteur, ayant pour base la moitié de ce circuit.

2. Les Poligones semblables & réguliers, inscrits ou circonscrits, sont en raison doublée de leurs côtés homologues, ou des rayons ; de-là, dès que l'on connoît la raison des côtés, on connoît celle des rayons, & au contraire.

3. Tous les Poligones semblables sont en raison doublée, ou comme les quarrés de leurs côtés homologues.

4. Deux Poligones réguliers sont-ils inscrits dans un même cercle ? celui qui a plus de côtés, a plus de circuit & plus de surface.

5. De deux Poligones circonscrits au même cercle, celui qui a plus de côtés, a moins de circuit & moins de surface.

Du Cercle en particulier.

1. On peut regarder le Cercle comme un Poligone régulier d'une infinité de côtés.

2. Le diametre du Cercle est la troisiéme partie du circuit d'un exagone inscrit.

3. Le diametre d'un Cercle est plus petit que la troisiéme partie, mais environ la troisiéme partie de la circonférence.

4. Les Cercles sont entre eux en raison doublée de celle des circonférences ou des rayons ; les circonférences sont comme les rayons.

5. La surface d'un Cercle est égale au triangle

rectangle qui a pour un côté une ligne égale à la circonférence, & pour l'autre côté, le rayon du Cercle.

6. Un Cercle qui a pour rayon l'hypoténuse d'un
triangle rectangle, vaut deux Cercles, dont chacun
a pour rayon un des autres côtés du même triangle.

De la Trigonométrie rectiligne.

1. Dans un triangle, le finus d'un angle eft au côté
oppofé à cet angle, comme le finus d'un autre angle
eft au côté oppofé à cet autre angle.

2. Dans le triangle obtus-angle, on peut regarder
le finus du fupplément comme celui de l'angle obtus.

3. Qui connoît dans un triangle deux angles &
un côté, ou deux côtés & un angle oppofé à l'un
de ces côtés, connoît le refte.

4. Connoiffant deux côtés d'un triangle, & un
angle aigu ou obtus compris entre ces deux côtés,
trouver le refte.

5. Connoiffant dans un triangle acut-angle deux
angles & un côté, déterminer la valeur des deux
autres côtés.

6. Connoiffant dans un triangle acut-angle deux
côtés, & un angle oppofé à l'un des deux côtés,
déterminer la valeur des autres angles.

7. Connoiffant dans un triangle obtus - angle
deux côtés, & un angle obtus oppofé à l'un de ces
côtés, trouver les autres angles.

8. Dans un triangle rectangle, ayant la bafe avec
un des angles de la bafe; ou la bafe & l'un des
côtés, ou l'un des côtés & les angles, trouver le
refte.

9. Mefurer la profondeur d'un puits vuïde d'eau,
la largeur d'une riviere, la diftance & la hauteur
d'une tour fur un plan inacceffible, la hauteur d'une
montagne, & d'une tour fituée fur une montagne, la
diftance d'un nuage, celle de la Lune & du Soleil.

DES FORTIFICATIONS.

Principes généraux.

1. L'on fortifie une Place, afin que sans faire des dépenses excessives, on puisse avec peu de gens la défendre contre un grand nombre d'Ennemis.

2. De-là, chaque partie d'une Place doit être vûe & flanquée de quelque autre.

3. Tout le reste égal, plus la défense de flanc approche de celle qui prend par derriere, plus elle est efficace.

4. Que la distance de deux ouvrages, dont l'un tire sa défense de l'autre, soit proportionnée à la portée du fusil plutôt qu'à celle du canon.

5. Que les parties qui flanquent soient couvertes le plus qu'il se peut.

6. C'est un avantage dans les parties qui flanquent, de regarder le plus directement qu'il est possible, celles qui sont flanquées.

7. Les flancs les plus grands sont les meilleurs.

8. Les plus grandes demi-gorges sont les meilleures.

9. Les parties qui sont exposées aux batteries des Ennemis, doivent être à l'épreuve du canon.

10. Il faut autant qu'il se peut, que la Place soit également fortifiée par-tout, & commande sans être commandée.

11. Que les ouvrages extérieurs soient plus bas à proportion qu'ils sont plus éloignés du centre de la Place, & qu'ils soient ouverrs du côté de la Place.

12. On doit préférer peu de bastions, mais grands, à un grand nombre de petits.

Regles fondées sur ces principes.

1. Les baſtions angulaires valent mieux que les tours rondes.

2. Il faut éviter, autant qu'il ſe peut, les angles morts.

3. La ligne de défenſe ne doit point paſſer 150 toiſes.

4. Que la ligne de défenſe n'ait 150 toiſes que dans la néceſſité.

5. La défenſe de 120 toiſes eſt bonne.

6. La défenſe de 130 à 135 toiſes paroît la meilleure.

7. La défenſe raſante eſt préférable à celle qu'on nomme fichante, ou à ſecond flanc.

8. Le flanc concave & à orillon vaut mieux que le flanc droit.

9. L'angle flanqué demande au moins 60 degrés.

10. L'angle flanqué droit a toute la force qu'il peut avoir.

11. L'angle du baſtion ne doit point être obtus.

12. Il faut que l'angle du Poligone que l'on fortifie, ne ſoit pas moindre qu'un angle droit.

13. L'angle de l'épaule demande au moins 105 degrés.

14. L'angle de tenaille ne doit point paſſer 150 degrés.

15. Le baſtion plein eſt préférable au baſtion vuide.

16. Les remparts trop hauts ſont défectueux.

17. Le foſſé ſec eſt plus avantageux d'ordinaire que le foſſé plein d'eau. Si le foſſé ſec peut s'inonder par le moyen des éclufes, & recevoir des eaux courantes & rapides, il ſera excellent.

Plan d'une Place fur le papier, fuivant les principes & les regles.

1. Faire le trait principal d'un Exagone régulier. On fera une échelle de 180 toifes, égale au côté du Poligone. On divifera le côté extérieur par le milieu. Du milieu l'on menera une ligne droite au centre. L'on portera fur cette ligne, du milieu du côté extérieur, une perpendiculaire égale à la fixiéme partie du côté extérieur. Des extremités de ce côté, l'on tirera par l'extremité de la perpendiculaire deux lignes de défenfes indéfinies, On portera fur chacune de ces lignes deux feptiémes du côté extérieur pour les faces des baftions oppofés. Un arc fait de l'intervalle d'une épaule à celle du baftion oppofé, coupera la ligne de défenfe : la corde fera le flanc ; & une ligne tirée d'un flanc à l'autre, la courtine. On fera la même chofe fur les autres côtés du Poligone, & l'on aura le trait principal.

2. Trouver géométriquement l'angle du centre du Poligone, l'angle de bafe, & le grand rayon, l'angle du Poligone, l'angle diminué, l'angle du baftion, l'angle de ténaille, les faces, la ligne de défenfe, & l'angle qu'elle fait avec le flanc, l'angle du flanc, le flanc même, la courtine, la demi-gorge, le côté du Poligone intérieur, l'angle de gorge, la capitale avec le petit rayon ; démontrer enfin la conformité du trait principal avec les principes & les regles.

3. Tracer l'extremité intérieure du rempart, le parapet, fa banquette, le terre-plein. L'intervalle de ce trait au trait principal fera de 14 toifes & demie environ ; 4 & demie pour le talus intérieur, 5 pour le terre-plein, 1 pour la banquette, 3 pour le parapet, 1 pour le talus extérieur.

4, Tracer le baſtion à orillons ; le flanc concave, l'orillon, un cavalier dans le baſtion, le foſſé, la tenaille ſimple & la tenaille double, la demi-lune ſans flancs, & la demi-lune à flancs, les petites lunettes & les grandes lunettes, une contre-garde à flancs ou ſans flancs, un ouvrage à corne devant une courtine ou devant un baſtion, un ouvrage à couronne devant une courtine ou devant un baſtion, le chemin couvert & le glacis.

Le foſſé aura 16 à 18 toiſes à l'angle flanqué du baſtion. Les flancs de la demi-lune auront 5 ou 6 toiſes environ, le rempart 10 ou 12, le foſſé autant. La contre-garde ſans flancs eſt préférable à celle qui a des flancs. L'ouvrage à corne eſt mieux placé ſur la capitale prolongée du baſtion, que devant la courtine. La diſtance de l'angle flanqué de l'ouvrage à couronne, à l'angle flanqué de la demi-lune ou du baſtion qu'il couvre, ſe regle ſur la portée du fuſil, auſſi-bien que la longueur des aîles qui tirent leur défenſe du baſtion.

5. Faire & calculer le premier trait d'une fortification donnée depuis le quarré juſqu'au décagone.

Plan ſur le Terrein.

1. Tracer une fortification ſur un terrein libre.
2. Tracer une fortification ſur un terrein dont le centre eſt embarraſſé.

Conſtruction des Ouvrages ſur le Plan tracé.

1. Conſtruire le Rempart de la Place. Il aura 18 pieds de hauteur environ, des contreforts, des endroits voutés, un talus intérieur, qui ſera une fois & demie ſa hauteur, une pente d'un pied dans

son terre-plein planté d'arbres, auffi-bien que le talus intérieur, une banquette haute de 2 pieds, large de trois, avec un talus de même largeur à peu près, un parapet de 4 pieds & demi au-deffus de la banquette, avec une pente qui puiffe diriger au fommet de l'angle formé par le chemin couvert & le parapet du glacis, un talus extérieur de fix pieds environ, dans un revêtement de brique. Ce revêtement vaut mieux qu'un revêtement de pierre ou de gazon.

2. Conftruire un baftion à orillons, un cavalier, des guérites. Point de chemin de rondes, point de fauffe-braye.

3. Conftruire le foffé. L'on réglera la largeur & la profondeur fur la nature du terrein, fur les terres néceffaires pour les ouvrages, & fur la hauteur du rempart, évitant l'excès, foit dans la largeur, foit dans la profondeur. On pratiquera dans le foffé fec un foffé plus petit, large de deux toifes, profond de fix pieds, & paliffadé du côté de la Place.

4. Conftruire une tenaille, une demi-lune, les petites & les grandes lunettes, une contre-garde, un ouvrage à corne, un ouvrage à couronne, le chemin couvert, le glacis, des fleches, des redoutes, des contre-mines, des magafins à poudre, des portes.

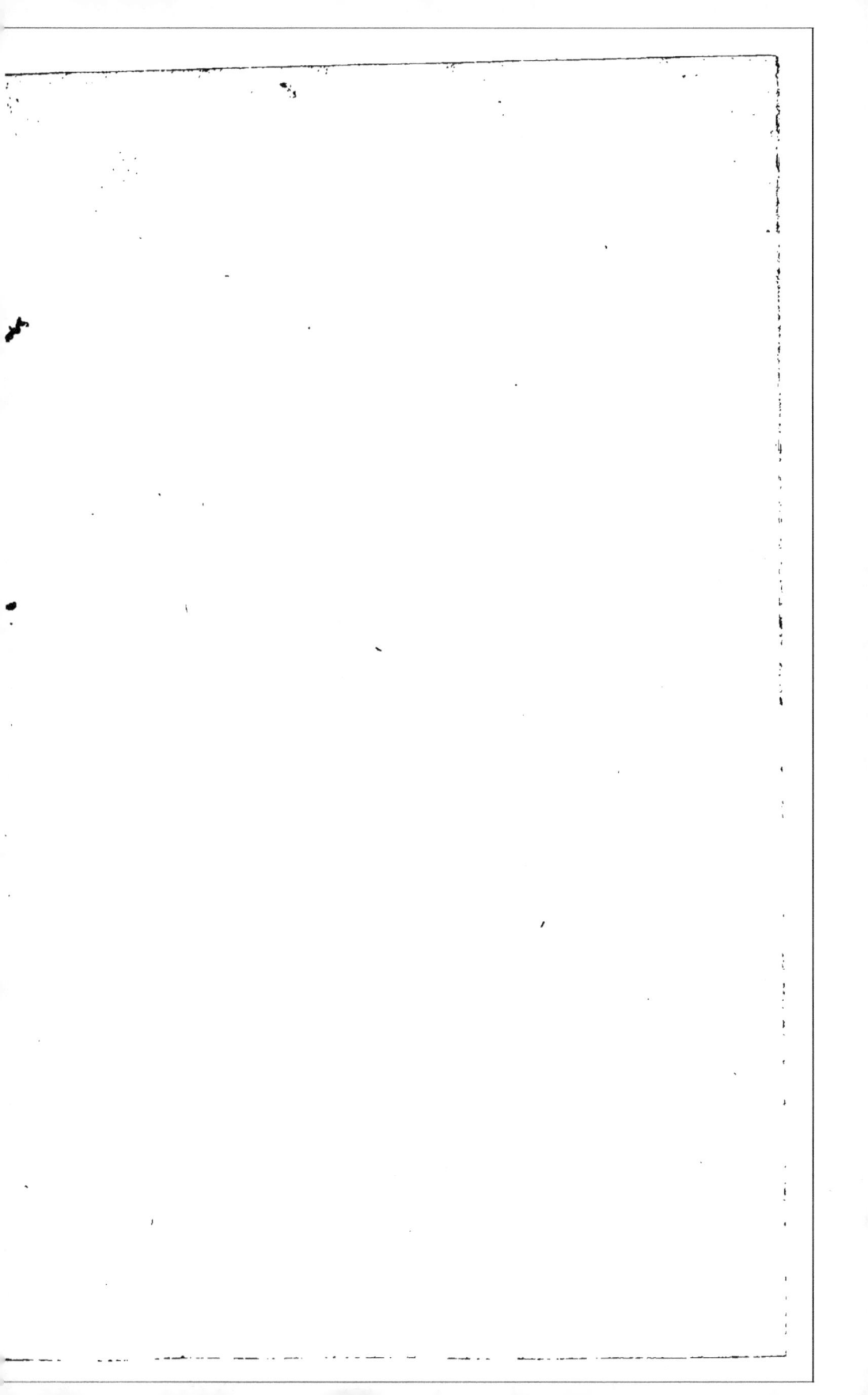

www.ingramcontent.com/pod-product-compliance
Lightning Source LLC
Chambersburg PA
CBHW050440210326
41520CB00019B/6008